BEI GRIN MACHT SICH IHR WISSEN BEZAHLT

- Wir veröffentlichen Ihre Hausarbeit,
  Bachelor- und Masterarbeit

- Ihr eigenes eBook und Buch -
  weltweit in allen wichtigen Shops

- Verdienen Sie an jedem Verkauf

Jetzt bei www.GRIN.com hochladen
und kostenlos publizieren

Bibliografische Information der Deutschen Nationalbibliothek:

Die Deutsche Bibliothek verzeichnet diese Publikation in der Deutschen National-
bibliografie; detaillierte bibliografische Daten sind im Internet über http://dnb.d-
nb.de/ abrufbar.

Impressum:

Copyright © 2014 GRIN Verlag, Open Publishing GmbH
Druck und Bindung: Books on Demand GmbH, Norderstedt Germany
ISBN: 9783668331174

Daniela Kagerbauer, Naemi Sailer

Entstehung und Geologie der Westalpen unter besonderer Berücksichtigung des Mont Blanc-Massivs. Geologie und Geomorphologie der Seealpen und Ligurischen Alpen

GRIN Verlag

Universität Augsburg

Fakultät für Angewandte Informatik

Institut für Geographie

Entstehung und Geologie der Westalpen unter besonderer Berücksichtigung des Mont Blanc-Massivs.

Die Seealpen und Ligurischen Alpen: Geologie und Geomorphologie.

Vorbereitungsseminar zur großen Exkursion (SS 2014)

Naemi Sailer und Daniela Kagerbauer

BSc. Geographie, 3. Semester

Abgabetermin: 24.04.2014

Inhaltsverzeichnis

Abbildungsverzeichnis

1 Alpen allgemein

Die Alpen sind geologisch gesehen ein sehr komplexes Gebirge. Viele verschiedene Gesteinsschichten wurden aus ursprünglich weit voneinander entfernt liegenden kontinentalen und ozeanischen Platten durch mehrere Phasen der Gebirgsbildung auf engstem Raum zusammen geschoben und in Decken übereinander gestapelt. Seit der Erdentstehung gab es mehrere Gebirgsbildungsphasen, wobei in den Alpiden nur noch die variscische Orogenese (Devon bis Trias) und die jüngste, die alpidische Orogenese (Jura bis heute) nachzuweisen sind. Durch Ablagerung, Verformung, Heraushebung, Verwitterung und Abtrag entstand über Millionen von Jahren das rezente Gebirge, so wie wir es heute kennen. Grob sind 4 große Zonen aufgrund ihres Entstehungsraumes unterscheidbar: Helvetikum, Penninikum, Südalpin und Ostalpin (Schönenberg & Neugebauer 1987). Aufgrund der Verteilung dieser tektonischen Einheiten lassen sich die Alpen nach deutscher und österreichischer Auffassung geologisch in zwei (West und Ost, siehe Abb. 1) bzw. in französischer und italienischer Literatur auch in drei Zonen (West, Zentral und Ost) unterteilen In dieser Arbeit wird die Zweiteilung verwendet, nach der die Grenze zwischen West- und Ostalpen auf der Linie Bodensee – Rheintal – Splügenpass – Comersee verläuft. Entlang dieser Linie tauchen die helvetischen und penninischen Decken unter das System der ostalpinen Decken (Stüwe & Homberger 2011, Krebs 1961).

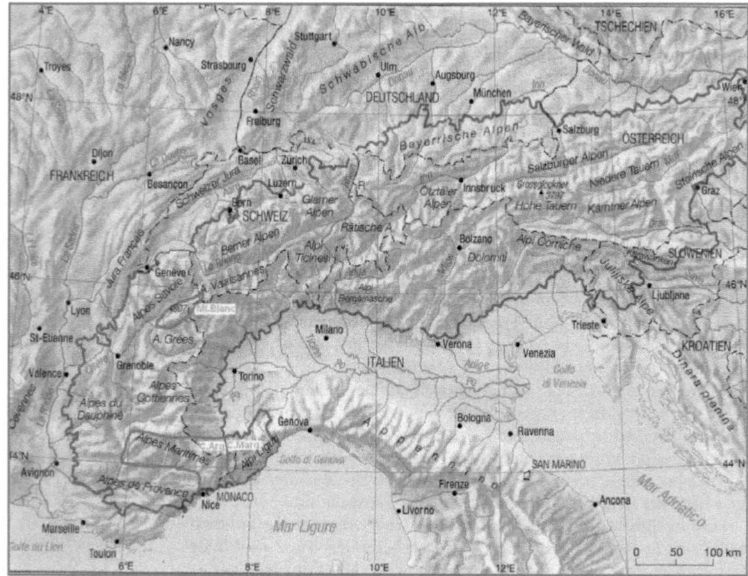

Abbildung 1: Abgrenzung Alpen

(nach Veit 2002, S.14)

Die Alpen sind nur ein Teil des jungen Gebirgssystems, welches durch Europa verläuft. Abb. 1 zeigt, wie sich von Nizza ausgehend, der 1200 km lange, maximal 250 km breite Gebirgswall bis nach Wien zieht (Stüwe & Homberger 2011). Die Westalpen erstrecken sich in einem engen Bogen über eine Länge von 625 km mit einer minimalen Breite von 60 km und einer maximalen Ausdehnung von 160 km. Dabei fallen im SE die Gebirgszüge steil in die Po-Ebene ab. Die Grenze zwischen dem südlichsten Bereich der Westalpen (Ligurische Alpen) zum Apennin liegt westlich von Genua am Colle de Cadibona. Im N und W wird der Gebirgsbogen durch das französische Valence-Becken und den schweizer Bresse-Graben begrenzt (Bätzing 1997, Burga et al 2004, Froitzheim 2012, Pfiffner 2009)

Im Folgenden wird nach einem Überblick über die Entstehung der Westalpen, der Teil westlich der Grenzlinie Rheintal – Comer See im Bezug auf die Geologie betrachtet. Daran anschließend soll noch auf die Entstehung und die Geologie des Mont Blanc-Massivs sowie auf die Geomorphologie und Geologie der See- und ligurischen Alpen detaillierter eingegangen werden.

2 Westalpen

Aufgrund der unterschiedlichen Hebungs-, Überschiebungs- und Erosionsprozesse während der Entstehungsgeschichte der Alpen erheben sich die Westalpen im Vergleich zu den Ostalpen sehr viel höher. Sie machen dabei nur ca. 35% der gesamten Alpenfläche aus. Der höchste Gipfel ist mit 4807 Metern der Mont Blanc in den Savoyer Alpen, gefolgt von der Dufourspitze in den Walliser Alpen mit 4634 Metern. Weiter nach S wird die Krustenmächtigkeit etwas geringer, wobei die höchste Erhebung der Seealpen die Cima Argentera (3.297 m) darstellt und der höchste Berg der Ligurischen Alpen die Cima Marquareis (2.651 m) ist (Burga et al 2004). Diese Gipfel sind in Abb. 1 verortet.

Vertikal lassen sich fünf Höhenstufen beobachten. Beginnend im S, mit der mediterranen Stufe, welche v.a. in den Seealpen zu beobachten ist. Diese reicht bis ca. 1000 Meter hoch und ist ausschließlich in den südlichen und tieferen Bereichen der Westalpen vertreten (Kennzeichen: intensive Hangspülung und Torrenten). Die gemäßigt-humide ist vor allem in den nördlichen Bereichen der Westalpen auf bis 2400 Meter ausgeweitet und ist die tiefste Formungsregion, welche sich über den gesamten Alpenkörper erstreckt (Kennzeichen: Kerbtäler). Die periglaziale Stufe reicht bis 3000 Meter, wobei sie meist ca. 200 Meter über der Waldgrenze liegt und sehr eng mit der nivalen Stufe verbunden sein kann (Kennzeichen: sanftes Periglazialrelief mit Formen der gebundenen Solifluktion). Diese variiert mit der Lage der ständigen Schneebedeckung und kann an Nordhängen bis auf 2000 Meter herab reichen (Kennzeichen: Hohlformen durch Schnee vertieft und Schmelzwässerformung während der gesamten Ablationsperiode). Die am höchsten gelegene Stufe wird als glaziale Zone bezeichnet, sie ist in den Seealpen noch vertreten, in den Ligurischen Alpen fehlt sie wegen der geringeren Höhen ganz. Weiter östlich weisen die Ligurischen Alpen sogar eher Mittelgebirgscharakter auf (Kennzeichen: rezente Gletscher, große glazial übertiefte Kare). Beim Vergleich der Höhenstufen des Mont Blanc-Massivs zu den See- und Ligurischen Alpen zeigt sich der klimatische Einfluss deutlich, wobei die Temperatur und zusätzlich die Exposition dabei die größte Rolle spielen (Bätzing et al. 1997, Bätzing & Kleider 2011, Lehmkuhl 1989).

Horizontal unterscheidet man in den Westalpen drei große Deckenkomplexe, welche im Folgenden im Bezug auf ihre Entstehung und daran anschließend ihre Geologie genauer betrachtet werden. Es sind dies von NW nach SO: das Helvetikum (Dauphiné), das Penninikum und Reste des Ostalpins (Schönenberg & Neugebauer 1987).

2.1 Entstehung

Die Entstehung der Westalpen (im weiteren Sinne auch des Alpenbogens und der gesamten Alpiden) begann im Jura (206 bis 142 Mio. Jahre BP) mit dem Auseinanderbrechen des Großkontinents Pangäa. Dieser Kontinent vereinte nach der variscischen Gebirgsbildung im Jungpaläozoikum (417 bis 248 Mio. J. BP) alle rezenten Kontinente in einem Superkontinent. Im E daran anschließend erstreckte sich ein einziger indopazifischer Ozean, die Tethys. Variscische Grundgebirge, welche durch die Bildung von Pangäa entstanden waren, wurden bei der alpidischen Orogenese morphogenetisch überprägt und zum Teil in den Aufbau der Alpen mit eingebunden. Die Kristallinmassive (Aar- und Gotthard-Massiv, Tavetschner-Zwischenmassiv, Mont Blanc- und Aiguilles Rouges-Massiv, das Belledonne-, das Pelvoux- und zuletzt das südlichst gelegene Mercantourmassiv) bestehen heute aus diesen Gesteinen, da sie durch teils zweifache Metamorphose sehr hart und damit widerstandsfähig wurden. Die Entstehung und die Geologie der Externmassive wird in Punkt 2.3 gesondert, in Bezug auf das Mont Blanc-Massiv betrachtet.

Die großen tektonischen Einheiten welche bei der alpinen Orogenese vor allem eine Rolle spielen, werden wie oben bereits erwähnt, von N nach S als Helvetikum (bzw. Dauphiné in Frankreich), Penninikum, Ost- und Südalpin bezeichnet (Frisch 1982). Gegen Ende des Paläozoikums wirkten im Erdmantel extreme Konvektionsströme auf den Bereich zwischen den zukünftigen Kontinenten Laurasia (in Abb.2 rot dargestellt) und Gondwana (in Abb. 2 orange dargestellt). Enorme Spannungen in der Erdkruste dünnten diese aus und brachten sie schließlich zum Auseinanderbrechen (Rifting). Warmes Klima zu dieser Zeit begünstigte die Ausfällung von Salzen im Meerwasser, was zur Ausbildung großer Mengen von Gips und Salz führte. In der Umgebung des Wallis sowie in den südlich gelegeneren Seealpen findet man heute Brekzien (Kalkstein, Dolomite, Granite), welche durch Steilküsten-Abbrüche in das Meer, als Folge der Lithosphären-Ausdehnung entstanden. Nach späterem Einschluss von Kalkschlamm wurden diese verfestigt (Marthaler 2013, Richter 1974).

Im frühen Jura, v.a. im Lias (206 bis 180 Mio. J. BP) setzte sich das Rifting fort und Pangäa zerbrach letztendlich in Laurasia im N und Gondwana im S. Dabei öffnete sich ein Becken (der Südpenninische oder Piemont-Ozean) welches in Zukunft als Ablagerungsraum für Material aus den umliegenden Hochzonen dienen sollte. Die fortschreitende Öffnung des Piemont-Ozeans (siehe Abb. 2) hatte die Bildung eines mittelozeanischen Rückens und somit die Entstehung neuen Ozeanbodens aus basaltischer Magma zur Folge. Zeugen davon sind heute im Bereich der Westalpen Teilstücke von Kissenlava (Ophiolithe genannt). Außerdem ging mit der Ausbreitung der Tethys, welche jetzt als Piemont-Ozean bezeichnet wird, die Öffnung des Zentralatlantiks einher. Die Spreizungsrate des Piemont-Ozeans und des Atlantiks betrug circa zwei Zentimeter pro Jahr und kann auch heute noch am mittelatlantischen Rücken gemessen werden. Basische und ultrabasische Vulkanite sowie Sandsteine, Tone und Kalksande der Bündner-Schiefer bildeten sich (Frisch 1982, Marthaler 2013, Veit 2002).

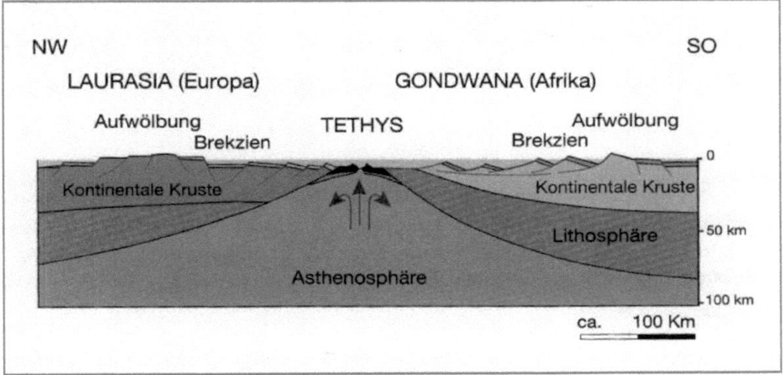

Abbildung 2: Profilschnitt, Entstehung der Tethys (Anfang Jura)
(Marthaler 2013, S. 36)

Während des Doggers (180 bis 159 Mio. J. BP) kühlte sich die neu entstandene Kruste ab (wurde also schwerer) was eine Subsidenz der kontinentalen Randbereiche und somit eine Transgression des angrenzenden Meeres zur Folge hatte. Dadurch wurde das Helvetikum (Frankreich, Schweiz) durch ein Schelfmeer bedeckt. Südlich des neu gebildeten Ozeans sanken die zukünftige adriatische Platte und der Nordrand Afrikas ebenfalls ab und Wasser konnte sie überfluten, was zu zunehmender Sedimentationstätigkeit in diesen Bereichen führte (Marthaler 2013).

Im Malm (159 bis 142 Mio. J. BP) ging die Sedimentation der Flüsse in den Piemont-Ozean zurück und die Bildung einer großen Karbonatplattform durch das Ausfallen reiner Kalke konnte einsetzen. Die Kalke der Seealpen sind beispielsweise bei diesem Prozess entstanden. Die anhaltende Spreizung des Atlantiks verursachte eine Abspaltung des Iberischen Mikrokontinents, welcher sich nun in einer Drehbewegung entgegen dem Uhrzeigersinn nach SO bewegte. Abb. 3 zeigt den Wurmfortsatz, welcher am Ostrand

Iberiens vorhanden war und als Schwellenzone sporadisch unter Wasser stand. Dieser wird später als Mittelpenninikum bzw. Briançonnais in die Gebirgsbildung mit eingehen. Der neu entstandene schmale Ozean zwischen Laurasia und dem Briançonnais wird als Nordpenninikum oder auch Valais (Walliser Trog) bezeichnet. Zudem spaltete sich die Adriatische Platte entlang einer großen Störungszone von Afrika ab und begann sich, schneller als Afrika, nach N zu bewegen. Einen Überblick über die Stellung der tektonischen Einheiten zur Zeit des ausgehenden Jura zeigt Abb. 3. Dabei liegt das Ostalpin auf dem nördlichen Teil der apulischen Platte, welche in geologischen Fachkreisen auch als Adriatische Platte bezeichnet wird (Frisch 1982, Pfiffner 2009, Marthaler 2013).

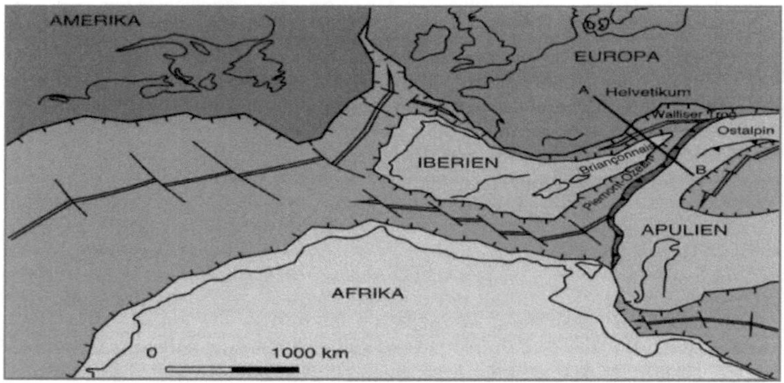

Abbildung 3: Tektonische Einheiten (Ende Jura)
(Marthaler 2013, S. 57)

Die Adriatische Platte setzte ihre nordwärts gerichtete Bewegung während der Unteren Kreide (142 bis 99 Mio. J. BP) fort. Dies hatte zum einen zur Folge, dass sich der Piemont-Ozean wieder zu schließen begann, zum anderen ging dies mit der Subduktion seiner ozeanischen Kruste unter die Adriatische Platte einher. Geologische Hinweise auf diesen Vorgang geben die Kissenlava, Metabasalte, Metagabbros sowie Glanzschiefer. Bei der Subduktion wiederum (in Abb. 4 dargestellt), entstand durch Abscherung ein Akkretionskeil, der Sedimentgesteine (Kalksteine, Dolomite, Brekzien), Späne der ozeanischen Kruste und Flyschsedimente mit abgebrochenen Schollen des Ostalpins enthielt. Während der allmählichen Aufschiebung der Alpen in Form von Inseln, welche noch von Meeresbecken getrennt waren, wurden diese durch sandige und tonige Sedimente der Flüsse (Flysch) aufgefüllt. Dominieren darunter Sandsteine und Konglomerate (wie es z.B. im Walliser Trog der Fall war), so folgen daraus spitze Berggipfelformen. So z.B. heute im oberen Aostatal sichtbar (Frisch 1982, Marthaler 2013). Synchron zur Schließung des Piemont-Ozeans, was das „Mitziehen" des Iberischen Kontinents nach S zur Folge hatte, fand durch diese südwärtige Bewegung die Öffnung des Valais-Ozeans (Walliser Trog) und dadurch eine Ausdünnung und geringfügige Absenkung des Kontinentalrandes von Europa (Helvetikum) statt. Bei dieser Öffnung wurde nur z.T.

ozeanische Kruste gebildet. Wesentlicher war die Ablagerung von Flyschserien im Valais. Das Briançonnais als submarine Schwellenzone (in Abb. 4: rosa dargestellt) unterlag nur teilweise der Sedimentation, da abgelagertes Material schnell von Meeresströmungen in die angrenzenden Becken abtransportiert werden konnte (Frisch 1982, Pfiffner 2009).

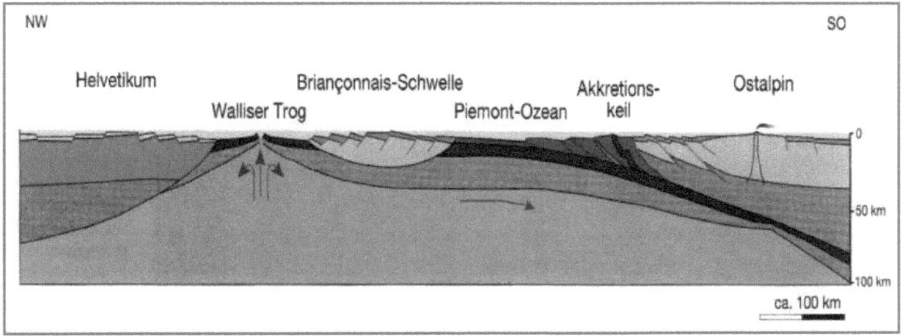

Abbildung 4: Stellung der tektonischen Einheiten (Untere Kreide)
(Marthaler 2013, S. 58)

Zu Beginn des Tertiärs (65 bis 2,6 Mio. J. BP) war der etwa 50 Millionen dauernde Subduktionsprozess des Piemont-Ozeans unter die Adriatische Platte soweit fortgeschritten, dass nur noch der Akkretionskeil und dessen Gesteine Zeugen des Ozeans waren. Nun begann die Überschiebung der Adriatischen Platte über das Briançonnais. Der überschobene Teil wird heute als Ostalpine Decke oder Dent Blanche Decke bezeichnet, die z.T. metamorphisierten Reste des Südpenninischen Ozeans als Piemont Decke. Reste der adriatischen Platte sind heute als kristalline Internmassive (Monte Rosa, Gran Paradiso und Dora Maira) sichtbar. Nach einer Zeit tektonischer Ruhe im Paleozän (65 bis 54,8 Mio. J. BP) begann während des Eozäns (54,8 bis 33,7 Mio. J. BP) also jener Prozess der Alpenbildung (orogene Akkretion) welcher die heutige Geologie und Geomorphologie der Westalpen besonders prägen sollte. Im Helvetikum und im Nordpenninischen Becken erfolgte zu der Zeit noch keine Gebirgsbildung, sondern weiterhin wechselhafte Flyschsedimentation, teils mit Einlagerung größerer Brekzien, da dieser Raum abwechselnd von Transgression und Regression geprägt wurde (Frisch 1982, Marthaler 2013).

Die fortschreitende Öffnung des Nordatlantiks hatte nach wie vor zur Folge, dass sich Europa langsam nach S bewegte. Dadurch konnte zum Ende des Eozäns schließlich der Valais-Ozean geschlossen werden. Ebenso wie bei der ersten Ozean-Schließung, fand auch hier als erstes Subduktion der ozeanischen Valais-Kruste unter die Deckenstapel im S statt, wobei ein weiterer Akkretionskeil u.a. aus abgelagerten Flyschsedimenten, aufgebaut und angelagert wurde (heute gut sichtbar im Wallis) (Frisch 1982, Marthaler 2013). Als es dann zur Kollision des europäischen Kontinentalrandes mit den Decken Briançonnais, Piemont und Ostalpin kam, folgte dieser zunächst dem Valais-Ozean in die Tiefe unter die penninischen Decken (= Walliser Akkretionskeil, Briançonnais-Schwelle und Akkretionskeil des Piemont-Ozeans). Darüber lagerte das Ostalpin. Wie in Abb. 5 zu sehen, liegen große Massen an Gestein übereinander, wodurch ein enormer Druck zur

Metamorphose und plastischen Verformung der Decken führte. Hierbei bildeten sich durch Umkristallisation neue Gesteine und durch die fortschreitende Verformung entstanden Falten und Dehnungsstrukturen. Anfangs nur N- vergente Falten, später, nach weiterer Subduktionsverdickung auch S- vergente Falten durch Rückfaltung und eine Drehbewegung der adriatischen Platte entlang der alpin-dinarischen Grenzstörung (z.B. Monte Rosa Decke) (Marthaler 2013).

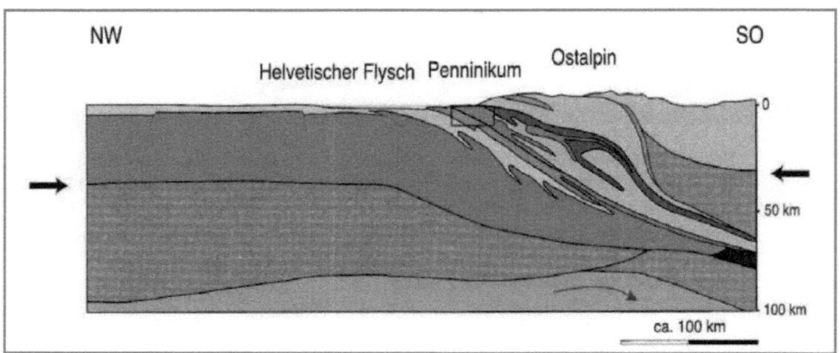

Abbildung 5: Überschiebung der Decken (Ende Eozän)
(Marthaler 2013, S. 77)

Während des Oligozäns (33,7 bis 23,8 Mio. J. BP) setzten sich die Subduktions- und Auffaltungsvorgänge im Bereich der Tethys fort. Flyschsedimentation erfolgte noch kurze Zeit in den helvetischen Becken, bis auch sie in die Gebirgsbildung mit einbezogen wurden. Durch die zunehmende Einengung falteten sich auch die helvetischen Decken und wurden erst vom Nordpenninikum, später sogar von der am südlichsten gelegenen Decke, dem Ostalpin überschoben. Durch die extreme Verdickung an der Subduktionszone und das relativ leichtere Gewicht des europäischen Kontinents kam der Subduktionsprozess zunächst zum Erliegen. Der bereits subduzierte Teil der europäischen Platte trennte sich vom noch nicht subduzierten Teil ab und wurde weiter in die Tiefe transportiert. Der restliche Teil Europas wurde nun nicht mehr weiter nach unten gedrückt und konnte somit wieder aufsteigen, wodurch sich die gefaltete Kruste an die Oberfläche heben konnte (Frisch 1982, Marthaler 2013, Pfiffner 2009).

Im Verlauf des Miozäns (23,8 bis 5,3 Mio. J. BP) schoben sich die einzelnen Decken weiterhin übereinander. Teile des Ostalpins glitten gravitativ auf den darunterliegenden Decken nach N ab. Abb. 6 zeigt die übereinander geschobenen Decken und deren Reste, nachdem aufliegendes Material erodiert, transportiert und in den vorgelagerten Becken als Molasse abgelagert wurde.

Die Hebung des Gebirges erfolgte zu der Zeit um einige Millimeter pro Jahr, also sehr rasch (heute ca. 0,5 bis 1 Millimeter pro Jahr). Dabei wurden zeitgleich enorme Mengen an Gesteinen erodiert und als Sand und Kies in den Molassebecken rund um die Alpen abgelagert, was damals wie heute ein Absenken des Alpenvorlandes zur Folge hatte bzw. hat. Im Laufe der Zeit erodierten in den Westalpen große Teile des am weitesten oben liegenden Ostalpins. Diese gaben darunter liegendes (jüngeres) Gestein frei und es blieben zum Teil nur noch Reste davon, sogenannte Klippen, erhalten. Im weitern Verlauf der Gebirgsbildung spielten die Gletscher im Pleistozän (2,6 Mrd. bis 12000 J. BP) noch eine große Rolle um die Gipfel und Täler so zu formen wie wir sie heute kennen (Frisch 1982, Marthaler 2013).

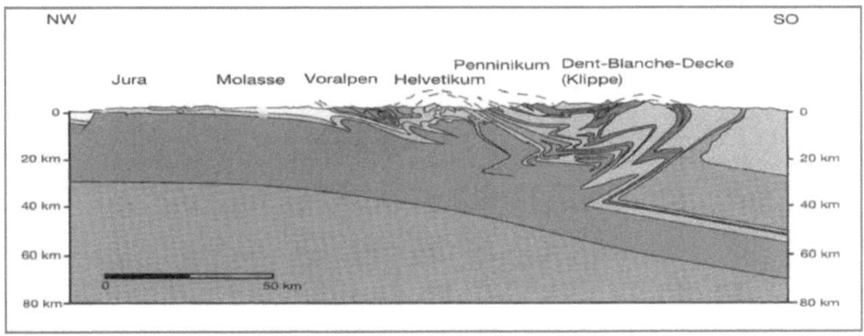

Abbildung 6: Durch Erosion freigelegte Decken (Ende Miozän)
(Marthaler 2013, S. 85)

Diese verschiedenen Phasen der Orogenese hatten zur Folge, dass z.T. älteres Gestein über jüngerem zu liegen kam und einzelne Decken oft weit verschoben wurden. Auf die rezente Lage der unterschiedlichen Decken im Westalpenraum sowie deren Aufbau wird im Folgenden näher eingegangen.

2.2 Geologie

Eine grobe Gliederung der vier (oben in ihrer Entwicklung beschriebenen) Zonen von NE nach SW ist in Abb. 7 erkennbar. An die Molasse des Vorlandes (beige) schließen sich Helvetikum und Ultrahelvetikum (hellblau) an. Weiter Richtung E tauchen die äußeren Kristallinmassive (rot) auf. Diese vier Bereiche werden als Externzone bezeichnet. Daran anschließend folgt die Internzone, welche durch die penninischen Decken (türkis/ rosa/ dunkelblau) mit den inneren Kristallinmassiven gekennzeichnet ist. Zuletzt erscheinen im westalpinen Körper ostalpine Klippen (orange), die nur noch als Erosionsreste erkennbar sind. Sie bilden den Südrand der Internzone. Die vierte große Zone in den Alpen, das weniger stark deformierte Südalpin, wird durch die sogenannte periadriatische Naht in Richtung Süden von der Internzone getrennt und ist somit in den Westalpen nicht vertre-ten. Die periadriatische Naht, in den Westalpen als Ivrea-Zone bezeichnet, ist eine Störungszone in der mächtige basische bis ultrabasische Gesteinsfolgen anstehen, wel-che vor der alpidischen Orogenese den Übergangsbereich von der Erdkruste zum Mantel gebildet haben. Vor dieser Zone tauchen die angrenzenden Decken steil nach S ab und bilden die Wurzelzonen der vertikal und lateral versetzten Decken (Schönenberg & Neu-gebauer 1987, Veit 2002).

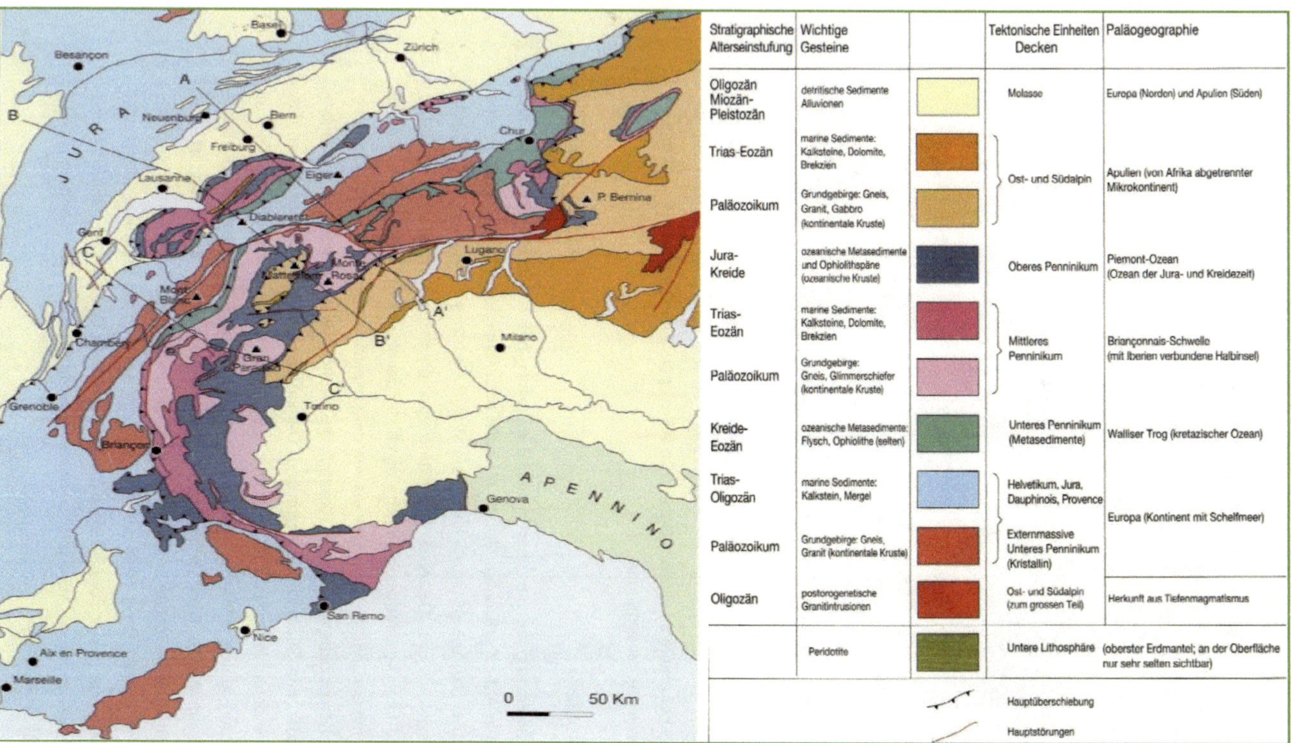

Abbildung 7: Geologische Karte der Westalpen

(Marthaler 2013, S. 58/59)

9

Aus geologischer Sicht liegen im **Helvetikum** aus paleogeographischer Zeit überwiegend Kalksteine sowie Sandsteine vor. Zudem finden sich aus triadischer Entstehungszeit Mergel, Quarz, Röti-Dolimit und Rauhwacke im Gebirge wieder. In der Kreide lagern sich wieder Sandstein und Kalkstein an. Des Weiteren haben sich im Bereich des Helvetikums Glaukonite festgesetzt. Das Tertiär bringt zu den oben aufgeführten noch Konglomerate hinzu (Trümpy 1980).

Das **Ultrahelvetikum**, welches den Übergangsbereich vom Helvetikum zum Penninikum darstellt, ist aufgrund seines ursprünglich tiefer im Wasser gelegenen Sedimentationsbereichs toniger und mergeliger. Demzufolge setzt es sich aus Kalkstein, Tonstein und Mergel zusammen. Aus der Trias liegen zudem Halite vor. Helvetikum und Ultrahelvetikum ist ein massives Gebirge aus Karbonatgestein gemeinsam.

Der Abschnitt des **Penninikums** wird grundsätzlich von metamorphen Gesteinen unterschiedlichen Grades aufgebaut. Im Detail (siehe Abb. 7) setzt sich der penninische Bereich aus ozeanischer Kruste, Peridotiten, Gabbros und Kissenlava zusammen. Ophiolithe sind eher selten. Im N werden die Decken durch Flyschablagerungen gekennzeichnet. Dabei ist zu erwähnen, dass die penninischen Decken in drei Untereinheiten (untere-, mittlere- und obere Decken) gegliedert werden, wobei es zwei Ausgangspunkte der Unterscheidung gibt. Zum einen werden sie nach Gebietsbezeichnung differenziert und zum anderen nach Art der Zusammensetzung des Ausgangsgesteins. Letztere untergliedert die Decken nach Gesteinen in drei Untertypen: So besteht Typ 1 aus mesozoisch-känozoischen Sedimenten, Typ 2 aus kristallinem Grundgebirge und Typ 3 aus ophiolitischen Gesteinen und ozeanischen Sedimenten. Die unteren und mittleren penninischen Decken werden Typ 1 und 2 zugeordnet, damit ist Typ 3 den oberen penninischen Decken zugeteilt. Die beiden letzt genannten besitzen zudem in ihren Grundbestandteilen Gneise in verschiedenen Varianten (Pfiffner 2009).

Bei der Differenzierung nach dem Gebiet wird zunächst der nördlichst gelegene Walliser Trog unterschieden. Dieser setzt sich aus Bündner-Schiefer, Sandstein, Ton und Kalksand zusammen. Danach befindet sich die Briançonnais-Schwelle, welche aus Sandstein, Brekzien, Kalk und Mergel besteht. Weiter im S liegen ehemalige Bestandteile des Piemont-Ozeans aus Bündner-Schiefer, Ton, Sandstein, Ophiolithen und Radiolariten. Diese Einteilung stellt auch Marthaler (2013) in Abb. 7 dar.

Als letzte Zone der Westalpen ist in Abb. 7 das **Ostalpin** gezeigt. Wie in der geologischen Karte zu sehen, handelt es sich dabei um Klippen, die auf ehemals geschlossene Decken verweisen. Tektonisch wird das Ostalpin in Ober-, Mittel-, und Unterostalpin aufgeteilt. Dem Oberostalpin sind die Kalkalpen zugeordnet, wobei es südlich auf der Grauwackenzone und nördlich auf nordpenninischem Flysch liegt. Seine geologischen Bestandteile sind ozeanische Karbonatsedimente, Kalkstein, roter Sandstein, Dolomit und vulkanische Asche. Das Mittelostalpin bezeichnet einen Verband aus permomesozoischen Sedimenten und kristallinem Ausgangsgestein. Zum Unterostalpin ist zu sagen, dass es im westlichen Teil der Alpen aus einer Mischzone von penninischen und unterostalpinen Decken besteht. Diese sind durch weiche Gesteine, wie beispielsweise Flysch und Brekzien aufgebaut. Die Gesteine des gesamten Ostalpins zeigen eine dem südlichen Penninikum ähnliche Zusammensetzung und weisen zusätzlich Vulkanite auf. Dabei enthält das untere Ostalpin Flyschablagerungen, wohingegen im oberen Ostalpin Sandstein und Konglomerate abgelagert wurden (Trümpy 1980, Veit 2002).

Nach diesem allgemeinen Überblick über die Entstehung und die Geologie der Westalpen, folgt nun die genauere Betrachtung des Mont Blanc-Massivs.

2.3   Das Mont Blanc-Massiv

Der Gebirgskörper des Mont Blanc-Massivs, ein 60 Kilometer langes und ca. 15 Kilometer breites Externmassiv der Westalpen wird an seiner steil abfallenden Ostflanke durch das Ferret Tal von Martigny bis Courmayeur begrenzt und markiert damit die französisch italienische Grenze (Dongus 2003, Möbus 1997). Die Grenze verläuft im Uhrzeigersinn weiter in südwestliche Richtung bis zum Col de la Seigne und folgt dann dem Talverlauf bis Les Chapieux. Weiter überquert die Grenzlinie die beiden Pässe Croix du Bonhomme und Col du Bonhomme und verläuft entlang dem Fluss Bonnant nach N. In nordöstlicher Richtung nach Contamines - Bionnay überquert die Grenze den Mont Lachat und erreicht dann das Tal von Chamonix in der Nähe von Les Houches (Diem 1984, von Raumer & Bussy 2004).

2.3.1   Entstehung der Kristallinmassive

Wie bei der Geologie der Westalpen bereits erwähnt, gehört das Mont Blanc-Massiv zum prä-mesozoischen Grundgebirge der alpinen Externmassive und ist mit dem Aiguilles Rouges-Massiv gekoppelt. Diese langgestreckten Kristallinmassive fügen sich in das Streichen des Alpenbogens ein und erfuhren eine sehr lang andauernde geologische Entwicklung, welche im Neo-Proterozoikum (ca. 600 Mio. J. BP) begann und sich bis in das späte Karbon (ca. 300 Mio. J. BP) hineinzog. Zeitlich können nach Raumer & Bussy (2004) zwei Hauptperioden unterteilt werden:

Die Zeit des Gondwana Kontinents (600 bis 440 Mio. J. BP), aus der die ältesten metamorphen Einheiten der cadomischen Orogenese mit magmatischen Gesteinen und Sedimentgestein stammen. Und eine zweite Bildungsphase während des Mittleren bis Oberen Paläozoikums (440 bis 300 Mio. J. BP), in welcher die variscische Gebirgsbildung einsetzte (von Raumer & Bussy 2004).

Vom Neo-Proterozoikum bis in das Paläozoikum entstanden die Grundbestandteile der heutigen Massive (Methasedimente, Orthogneise, Migmatite, Granite, Vulkanite und Klastika). Während der variscischen Orogenese wurde das Gestein (z.T. mehrfach) metamorph überprägt und in seiner Struktur verändert (bruchtektonische Verformung) (Hlauscheck 1983, von Raumer & Bussy 2004, Richter 1974). Polymetamorphe Metasedimente entstanden durch paläozoische Druck- und Temperaturzunahme bzw. später auch durch alpidische Überprägung. Dabei entstanden zwei unterschiedliche Abfolgen von Gesteinen. Zum einen bilden Metagrauwacken, Quarzite, Metapelite und Karbonate ein Altkristallin. Zum anderen wird dieses aus Glimmerschiefern mit Amphibolith-Lagen und Diopsid-Marmoren, sowie gebänderten Metagrauwacken, sauren Gneisen und Amphiboliten aufgebaut. Außerdem sind die Massive aus monometamorphen Metasediment-Serien und variscischen Migmatiden aufgebaut. Im ausgehenden Paläozoikum fügten sich dem Aufbau der Westalpen noch spät-variscische Granit-Intrusionen hinzu. Dieses Einfließen von Granit in die poly- und monometamorphen Serien und Migmatide lässt sich im Mont Blanc-Massiv v.a. am NW-Ende des Massivs beobachten. Das so entstandene Grundgebirge erodierte während der Entwicklung zum sedimentären Ablagerungsraum im Oberkarbon wieder (Pfiffner 2009, Trümpy 2002).

Vor 248 Mio. J. setzte die Trias-Transgression ein, zu deren Beginn Schwemmfächer abgelagert wurden, welche somit die ältesten aus dieser Zeit nachweisbaren Sedimente repräsentieren. Teile des Mont Blanc-Massivs waren dabei vom Meeresspiegelanstieg nicht erfasst und blieben an der Oberfläche als Inseln erhalten.

Die seit der Beckenbildung stattfindende Sedimentation wurde durch den Beginn der alpinen Orogenese unterbrochen. Diese setzte von SE her schiefwinklig an, dabei entstanden NE - SW gerichtete Strukturen. Sie drückte bestehende Brüche und Mulden zusammen und erzeugte neue Schieferung, wobei die Struktur der älteren Gesteine nach wie vor deutlich erkennbar blieb. Bei der alpinen Orogenese kam es oft zur Steilstellung, zu NW- Vergenzen und sogar zur Überschiebung von Teilen des Kristallins über dessen Bedeckung. Metamorphose, Verschieferung und Verschuppungen werden dabei in nördlicher Richtung weniger. Im westlichen Teil des Mont Blanc-Tunnels z.B. ist der Granit durch den Druck bei der Orogenese aus SE z.T. gebrochen. Diese Brüche sind N 50° E ausgerichtet und fallen mit 80° nach SE. Allerdings hinterblieben auch alte Metamorphite welche ihre ursprünglich etwa meridionale Lagerung beibehielten. Die alten kristallinen Schiefer, welche zuvor vertikal lagerten, zeigen nach dem Druck aus SE eine Richtung N 30° E mit einem mittleren SE Fallen von 62° (Hlauschek 1983, von Raumer & Bussy 2004).

Aufgrund der Raumeinengung durch das Zusammendriften und Unterschieben von europäischer Platte unter die adriatische, hoben sich im Tertiär letztendlich die Grundgebirge heraus und wurden alpidisch überprägt, so dass sie zu den heute sichtbaren Massiven wurden (Hlauscheck 1983, von Raumer & Bussy 2004, Richter 1973).

2.3.2 Geologie des Mont Blanc-Massivs

Die Grundgebirgsdecken des Mont Blanc-Massivs welche sich als domähnliche erodierte Strukturen aus ihrer mesozoischen Bedeckung im externen Teil des Alpengürtels herausheben, setzen sich aus verschiedenen Untereinheiten zusammen. Abb. 8 zeigt einen Überblick über die Verteilung der Gesteine im Massiv.

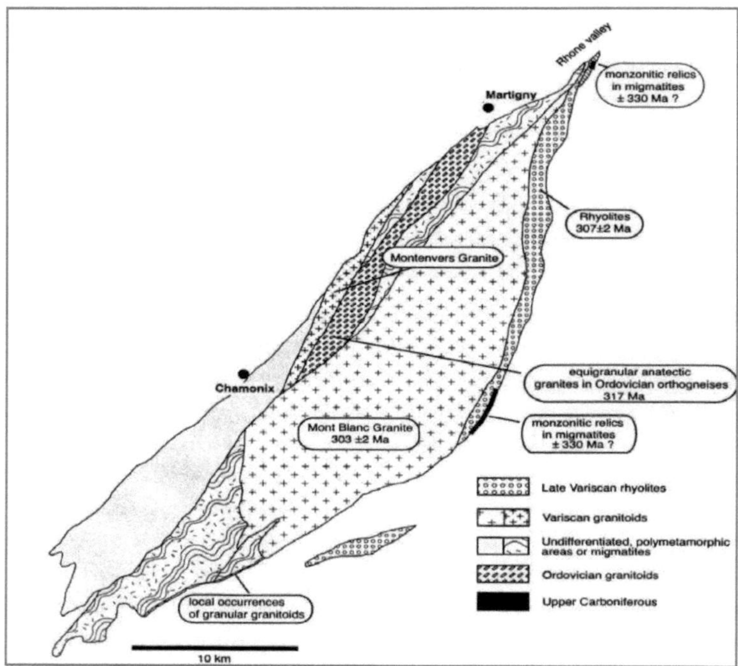

Abbildung 8: Geologie des Mont Blanc-Massivs

(nach von Raumer & Bussy 2004, S. 100)

Insbesondere am SW Ende des Massivs liegen stark gefaltete Glimmerschiefer und Gneis Einheiten vor, welche v.a. in der Umgebung des Miage-Gletschers zutage treten.

Die gleichen Einheiten wölben sich an der nordwestlichen Flanke des Massivs aus den Valais- und Briançonnaiszonen heraus (v.a. an der südwestlichen Flanke des Tals von Chamonix). Sie sind unterteilt, durch eine bogenartige Intrusion von Graniten (Montenvers-Granite, Alter ca. 225 bis 460 Mio. J) und durch eine Zone von grob körnigen Kali-Feldspat-Augengneisen, welche eine granitische Intrusion aus dem Ordovicium repräsentieren. Intrusionen sind dort erhalten geblieben, wo keine bis sehr geringe alpidische Metamorphose stattgefunden hat. Im Tal von Chamonix wurden während des Lias Mergel und Kalke der Massivhülle abgelagert, welche heute im oberen Talabschnitt bereits ausgeräumt sind (von Raumer & Bussy 2004).

Der Hauptteil des Massivs besteht aus Mont Blanc-Granit (Protogine genannt) und damit assoziierten Ganggesteinen, wobei die Biotite des Mont Blanc-Granits (18 bis 35 Mio. J.) teilweise von alpidischer Metamorphose zeugen. Zudem besteht das komplette östliche Massiv (von Mont Chemin bis La Fouly) aus großen Rhyolith-Komplexen des Oberkarbons, welche im Val Veni und im Val Ferret unter die ultrahelvetischen sowie die penninischen Decken abtauchen. Das Helvetikum, das dem SE-Rand des Mont Blanc-Massivs aufliegt, grenzt dabei im Bereich der Täler des Ferret tektonisch an das Penninikum. Diese mesozoischen Schichten um das Mont Blanc-Massiv herum, weisen auf die durchgängige Heraushebung des Massivs während der alpinen Orogenese hin. Durch das gesamte Massiv verlaufen alte Mylonit-Zonen, an denen das Gebirge extrem verworfen wurde. Eine derartige Mylonit-Zone begrenzt z.B. den Mont Blanc-Granit nach außen hin (Gwinner 1987, Möbus 1997, von Raumer & Bussy 2004).

Abseits der alpinen Überprägung bestehen keine Unterschiede zwischen dem prämesozoischen kristallinen Grundgestein des Mont Blancs und denen, welche in außeralpinen Bereichen beobachtet werden können (z.B. Schwarzwald oder Vogesen). Allesamt weisen sie kontinentale Sedimenttröge des Oberkarbons auf und sind durch im Flachwasserbereich entstandene Sedimentgesteine aus der Trias bedeckt (grès du Trias, Buntsandstein). Alle waren auch Bestandteile der variscischen Kontinentalkruste, bis während der Trias die marine Tethys-Transgression einsetzte und darauf folgend die alpine Orogenese begann (von Raumer & Bussy 2004).

Nach diesem Überblick über die polymetamorphen und sehr alten Grundgebirge der Westalpen folgt nun die Beschreibung der jüngeren See- und Ligurischen Alpen.

3 Seealpen Ligurische Alpen: Geologie/ Geomorphologie

Die Ligurischen Alpen lassen sich nach E hin entlang der N-S verlaufenden Zone von Sestri-Voltaggio zum Apennin abgrenzen. Dennoch ist dies eine eher künstlich gezogene Grenze, da die Gesteinsformationen nicht abrupt an einer Linie im Gebirge enden, sondern sich noch weiter bis in den Apennin hinein erstrecken In der Literatur werden verschiedene Grenzlinien dargelegt. Westlich werden die Ligurischen Alpen zu den Seealpen durch den Tenda-Pass abgetrennt (Kraus 1951; Bätzing et al. 1997). Nach S hin enden sie am Mittelmeer und im N an der Po-Ebene, welche noch Gesteine der ligurischen Alpen aufweist. Die Seealpen schließen sich, wie schon oben erwähnt, westlich an die ligurischen Alpen an. Südlich liegt wieder die natürliche Grenze des Mittelmeeres und im N schließen sich die Kottischen Alpen an. Dabei beschreibt der Argentera-Pass die natürliche Grenze zwischen den Kottischen Alpen und den Seealpen. Nach W hin werden sie von den daran anhängenden Provence-Alpen begrenzt. Die Linie verläuft entlang des Flusses Var und der von Thorame nach Seyne laufenden Depressionszone (Mader 1897). Die Grenzverläufe, sowie deren abgegrenzte Nachbarregionen sind in Abb. 1 dargestellt.

Um nochmals kurz auf die Entstehung der Ligurischen Alpen sowie der Seealpen zu kommen, ist erwähnenswert, dass diese im Zeitraum der alpidischen Orogenese mit vorlaufender variscischer Gebirgsbildung, insbesondere in der Trias zustande gekommen sind. Durch das konvergieren der europäischen und adriatischen Platte wurden nach der Subduktion des Piemont-Ozeans der Wallis-Trog sowie die Briançonnais-Schwelle zu einem Mittelgebirge zusammengeschoben. Nach darauf folgender Auffaltung und Anhebung des Gebirges wurden die heutigen Höhen der Ligurischen Alpen und Seealpen erreicht, welche im Abschnitt der Geomorphologie nochmals detaillierter behandelt werden. Wichtig ist bei der Entstehung der heutigen Ligurischen und Seealpen, dass beide dem Deckenkomplex der Briançonnais angehören und somit nur teilweise überflutet wurden. Dies wird auch anhand der Abbildung 9 verdeutlicht. Die Geologie der einzelnen Teilgebiete wird ebenfalls in folgender Erarbeitung erläutert (Kraus 1951; Marthaler 2013; Mader 1897).

3.1 Geomorphologie der Ligurischen Alpen

Durch den formbildenden Prozess des Zusammendriftens der Europäischen und der Adriatischen Platten haben sich Überschiebungen ergeben. Mader (1897) zeigt drei Aufrichtungsphasen auf, die von der Kreide über das Jura bis ins Miozän reichen. Damit verbunden haben sich die Gebirge aufgefaltet. Charakteristisch für diesen Teilbereich der Alpen ist die Fächerstruktur. Sie kommt durch die Hauptvergenz in Richtung W und einer zusätzlichen Faltung nach E zustande (Hlauscheck 1983).

Außerdem ist das Briançonnais vom Sockel aufgedeckt. Die Sedimentschicht ist im Verband geblieben. Durch die zuvor genannte geologische Zusammensetzung der Ligurischen Alpen ergibt sich eine Schuppenbildung als Reaktion auf tektonische Beanspruchungen (Gwinner 1978). Eine andere Art der Oberflächenformung bilden die Gletscher. Diese sind jedoch in den Ligurischen Alpen nicht mehr vorhanden, sodass nur noch Spuren von ehemaliger Vergletscherung vorhanden sind. Darunter Fallen Moränen, Kare, U-Täler, abgerundete beziehungsweise abgeschliffene Oberflächen, Karseen und Blockgletscher. Ein weiteres geomorphologisches Merkmal stellen die Karstlandschaften (aus Trias, Jura und Kreide) dar. Die Erscheinungsformen sind Dolinen, Höhlen, Karren sowie Karstquellen (Bätzing, Kleider 2011).

3.2 Geologie der Ligurischen Alpen

Durch Metamorphose wurde die paläozoische Sedimentschicht während der variscischen Orogenese zu festem Gestein verformt. Aufbauend auf dem kristallinen variscischen Sockel liegen Schichten übereinander, welche durch Evaporite (stellen den Gleithorizont dar) getrennt sind. Wie auch in Abb. 9 ersichtlich besitzen die ligurischen Alpen in Ihren Grundbestandteilen Gesteine aus dem mittleren Penninikum. Dieses umfasst die Briançonnais-Schwelle. Man kann sie in drei Zonen gliedern: Die Col de Tende (auch zugehörig zum Ultradauphiné), Subbriançonnais und Briançonnais (Savonese und Finalese). Diejenigen Gesteine aus dem Subbriançonnais (Jurassischer Kalkstein) sind von ihrem Sockel abgeschert, wohingegen die des Briançonnais mit dem Kristallin verbunden sind. Die Schichtfolge des mittleren Penninikums setzt sich aus Gneisen und Glimmer-schiefer aus paläozoischer Zeit (kontinentale Kruste), gefolgt von Carbonaten der Trias und Flysch zusammen. Dabei sind die Jura- und Kreide-Serien eher rar. Diejenigen aus der Trias bis zum Eozän besitzen eher marine Sedimente wie die zuvor genannten sowie z.B. Kalkstein, Dolomit und Brekzien. Zudem mischt sich ein Emrunais-Ubaye Flysch aus dem Subbriançonnais darunter (Hlauschek 1983; Kraus 1951, Möbus 1997, Gwinner 1978, Trümpy 1980, Bätzing, Kleider 2011). Dabei fehlen die obere und die untere Trias. Hlauschek (1983) erwähnt auch, dass der südliche Abschnitt vom Mesozoikum bedeckt wird. Dieser ist ein Beweis für den geoantiklinalen Charakter des Briançonnais. Das be-deutet, dass dieser Bereich durch intensive Aufwölbung zum Schwellengebiet geworden ist (Hlauschek 1983, Murawski & Meyer 2010).

Nach zeitlicher Reihenfolge ergeben sich folgende jeweils am häufigsten vorkommenden Gesteine: Zu variscischer Zeit liegen Gneise und Granite vor. Während des Karbons la-gern sich Flusssedimente und Vulkangesteine ab die durch spätere Druck- und Temperaturzunahme bei der Entstehung der Alpen zu Quarz und Feldspat umgewandelt wurden. Die mächtige Kalkbank, sowie auch Konglomerate und Quarzite, lassen sich auf mesozoische Zeit mit überfluteten Kontinentbereichen zurückführen. Die Trias liefert Do-lomite und Kalkdolomite, gefolgt von Kalken aus dem Jura und der Kreide. Der Flysch (Mergel, Sandstein) in den Ligurischen Alpen stammt aus dem Tertiär. Bei der alpidi-schen Orogenese wurden diese Sedimente angehoben, gefaltet und verlagert (Bätzing & Kleider 2011).

3.3 Geomorphologie der Seealpen

Die Seealpen weisen Merkmale eines Faltengebirges wie z.B. starke Aufwölbungen und die Aufrichtung der Schichtfolgen auf. Am Südrand verläuft die Streichrichtung nach SE bzw. von W nach E mit Annäherung an die älteren Ur-Gebirgsmassen im südwestlichen Bereich. Des Weiteren liegen die Falten im S eng beieinander. Die Richtung der Falten ist nordwest-südöstlich, wohingegen der südliche Abschnitt südwärts überkippte Falten aufweist. Am Übergang zu den Kottischen Alpen existiert eine Drehung der Streichrich-tung. Des Weiteren wurde und wird die gegenwärtige Oberflächenstruktur maßgeblich durch Gletscher geprägt. So verfügen die Seealpen über ein breites Spektrum an glazia-lem Formungsschatz. Neben den verschiedenen Erosionsformen (z.B. Trogtäler und Kare) treten auch geomorphologische Folgen von Gletscherakkumulationen auf. Darunter fallen Moränen (vor allem in dem Bereich der Mergelkalke) und Folgen von Blockglet-schern (Schweizer 1968).

3.4 Geologie der Seealpen

Die nachstehende Abbildung zeigt, dass die Seealpen auch auf den Kristallinmassiven variscischer Orogenese aufbauen. Wobei es sich in diesem Bereich der Alpen um einen Gneiskern mit Einlagerung von Dioriten und Amphiboliten handelt. Wie in Abb. 9 ersichtlich fließen aufgrund der örtlichen Nähe der Ligurischen und der Seealpen in den Gesteinsformationen der letzt genannten ebenfalls diejenigen der Briançonnais-Schwelle ein. Sie besteht aus dem Permokarbon, welches in den Seealpen weit verbreitet ist (Hlauschek1983, Mader 1897, Schweizer 1968). Zudem beschreibt Kraus (1951) die Zusammensetzung aus ostalpin-mediterranen Fazies wie z.B. Dolomite und Kalke. Diese setzten sich auch in Richtung des ligurischen Apennins fort. Außerdem lassen sich Sedimenthüllen des Briançonnais-Karbons wiederfinden. Des Weiteren sind ultrahelvetische Fazies charakteristisch für den Aufbau der Seealpen (Kraus 1951). Zusätzlich zu den penninischen und ultrahelvetischen Decken umfassen die Seealpen helvetische Decken (siehe Abb. 9), welche in ihren Hauptbestandteilen aus Sandstein und Kalken bestehen. (Möbus 1997, Gwinner 1978). Nach Mader (1897) werden die Seealpen (nach dem Gebiet differenziert) unter geologischer Sicht betrachtet. Demnach setzt sich die Zentralmasse (Gürtel der Dauphiné) aus Glimmerschiefer, Glimmerkristallen und Gneisen zusammen. Weiter südlich lassen sich Sandstein und Schiefer aus der Zeit des Perms finden. Daran anschließend hinterließ die Trias Kalk, Kalksteine und Dolomite. Das Jura liegt in einem Streifen noch weiter in Richtung S und begrenzt den Lias, welcher in seinen Grundbestandteilen aus Dolomit, Mergelkalk und Kalkstein besteht. Des Weiteren lassen sich in dem südlich gelegenen Abschnitt aus der Kreide Mergel, Kalkstein sowie Sandstein aus der Gebirgsformation entnehmen. Das Eozän, das als Inseln vorliegt und von Konglomeraten überlagert wird, weist weitere Gesteine auf, wobei Kalk- und Sandstein am häufigsten auftreten. Letzt genannter Zeitabschnitt stellt den im S jüngsten mit Teilen des Tertiärs dar. Dazwischen liegende Zeitabschnitte wurden nicht weiter beachtet. Zusammenfassend können diese mit Kalk, Mergel und Sandstein dargelegt werden. Nun wird der Blick noch auf den Nordrand der Seealpen gewendet. Aus dem Perm liegen noch Gneise, Sandstein und Tonschiefer vor. Zusätzlich verzeichnet Mader (1897) die triassischen Gesteine wie beispielsweise der Kalkstein, der auch im Lias auftritt. Das Miozän hinterlässt in weiter östlicher Richtung Spuren von Konglomeraten und Mergeln (Mader 1897, Schweizer 1968).

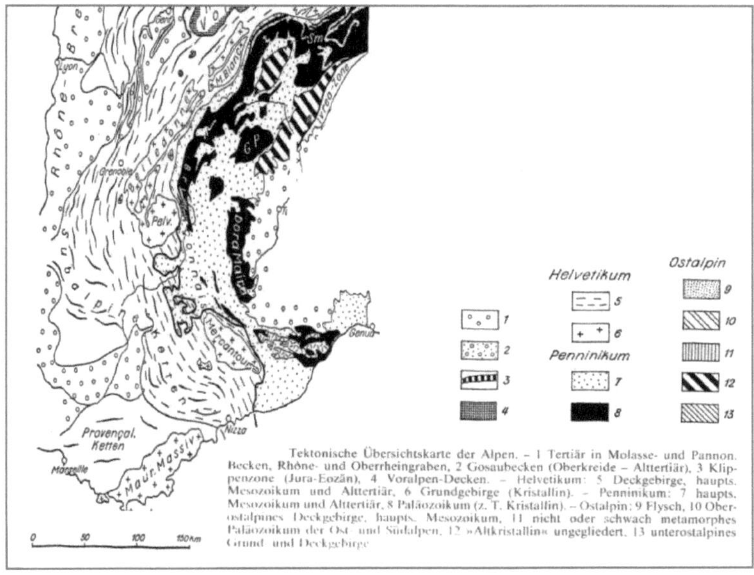

Tektonische Übersichtskarte der Alpen. – 1 Tertiär in Molasse- und Pannon. Becken, Rhône- und Oberrheingraben, 2 Gosaubecken (Oberkreide – Alttertiär), 3 Klippenzone (Jura-Eozän), 4 Voralpen-Decken. – Helvetikum: 5 Deckgebirge, haupts. Mesozoikum und Alttertiär, 6 Grundgebirge (Kristallin). – Penninikum: 7 haupts. Mesozoikum und Alttertiär, 8 Paläozoikum (z. T. Kristallin). – Ostalpin: 9 Flysch, 10 Oberostalpines Deckgebirge, haupts. Mesozoikum, 11 nicht oder schwach metamorphes Paläozoikum der Ost- und Südalpen, 12 »Altkristallin« ungegliedert, 13 unterostalpines Grund- und Deckgebirge

Abbildung 9: Tektonische Übersichtskarte der Seealpen und der Ligurischen Alpen (nach Schönenberg & Neugebauer 1987, S.176)

4 Vorausschau

Diese Arbeit behandelte die Westalpen, insbesondere die Ligurischen Alpen, die Seealpen und das Mont Blanc-Massiv im Bezug auf die Geologie und Geomorphologie. Dabei wurde immer wieder auf ihre Entstehung zurückgegriffen, da der Aufbau der Gebirgsstöcke durch ihre Entstehung geprägt wurde und deshalb dieser Bezug auf die Vergangenheit unumgänglich ist.

Natürlich ist der Alpenkörper nicht am Ende seiner Formung. Das Innere der Erde ist weiterhin aktiv, weshalb sich die Plattenbewegungen auch weiter fortsetzten. Aktuell befinden sich Abtragungs- und Hebungsvorgänge im Gleichgewicht. Nach Bätzing (1991) wird jedoch in Zukunft die Heraushebungen abnehmen, die Erosion allerdings weiterhin ihr Werk verrichten. Demzufolge lässt sich eine Verringerung der Höhe der Alpen in ferner Zukunft annehmen (Marthaler 2013). Dies hat zur Folge, dass der Alpenbogen einem Mittelgebirge immer ähnlicher werden wird und die rezenten Gebirge, deren Gesteine und deren Entstehung in vielen Millionen Jahren eventuell nicht mehr nachweisbar sind.

Literaturverzeichnis

Burga C. A., Klötzli F., Grabherr G. [Hrsg] (2004): Gebirge der Erde. Landschaft, Klima, Pflanzenwelt. Stuttgart.

Bätzing W. (1991): Die Alpen – Geschichte und Zukunft einer europäischen Kulturlandschaft. 2. aktual. Aufl., München.

Bätzing W. (1997): Kleines Alpenlexikon: Umwelt, Wirtschaft, Kultur. München.

Bätzing W., Kleider M. (2011): Die Ligurischen Alpen. Naturparkwandern zwischen Hochgebirge und Mittelmeer. 1. Auflage, Würzburg.

Bätzing W., Oehler H., Thöny C. (1997): Kleines Alpenlexikon: Umwelt, Wirtschaft, Kultur: http://www.alpenmagazin.org/index.php/dossier/alpenlexikon/373-abgrenzung-der-alpen. (08.04.2014).

Diem A. (1984): In: Department of Geography Publication Series, Occasional Paper No. 1: The Mont Blanc - Pennine region. Edited by Aubrey Diem. Waterloo.

Dongus H. (2003): Das Relief der Alpen. Marburg Lahn.

Frisch W. (1982): Entwicklung der Alpen. In: Geographische Rundschau 9/ 1982, S. 418 – 421.

Froitzheim, N. (2012): Geologie der Alpen Teil 1: Allgemeines und Ostalpin. Vorlesungsskript, http://www.steinmann.uni-bonn.de/arbeitsgruppen/strukturgeologie/lehre/wissen-gratis/geologie-der-alpen. (04.04.2014).

Gwinner M. P. (1978): Geologie der Alpen. 2. Aufl., Stuttgart.

Hlauschek H. (1983): Der Bau der Alpen und seine Probleme. Stuttgart.

Kraus E. (1951): Die Baugeschichte der Alpen. 1. Teil. Berlin.

Krebs N. (1961): Die Ostalpen und das heutige Österreich. Eine Länderkunde. 3. Aufl., Stuttgart.

Lehmkuhl F. (1989): Geomorphologische Höhenstufen in den Alpen unter besonderer Berücksichtigung des nivalen Formenschatzes. Göttingen.

Marthaler M. (2013): Das Matterhorn aus Afrika. Die Entstehung der Alpen in der Erdgeschichte. 3. Aufl., Bern.

Mader F. (1897): Die Höchsten Teile der Seealpen und der Ligurischen Alpen. In Physiographischer Beziehung. Leipzig, Fock.

Möbus G. (1997): Geologie der Alpen- Eine Einführung in die regional- geologischen Einheiten zwischen Genf und Wien. Köln.

Murawski H., Meyer W.(2010): Geologisches Wörterbuch. 12., überarb. und erw. Aufl., Heidelberg.

Pfiffner O. A. (2009): Geologie der Alpen. Bern et al.

Raumer J. F. von, Bussy F. (2004): Mont Blanc and Aiguilles Rouges geology of their polymetamorphic basement (External Massifs, Western Alps, France- Switzerland). Lausanne.

Richter D. (1974): Grundriß der Geologie der Alpen. Berlin.

Schönenberg R., Neugebauer J. (1987): Einführung in die Geologie Europas. 5. neu bearb. Aufl., Freiburg im Breisgau.

Schweizer G. (1968): Der Formenschatz des Spät- und Postglazials in den Hohen Seealpen. Aktualgeomorphologische Studien im oberen Tinéetal. Supplementband 6, Berlin-Stuttgart.

Stüwe K., Homberger R. (2011): Die Geologie der Alpen aus der Luft. Gnas, Weishaupt.

Trümpy R. (1980): Geology of Switzerland A guide book Part A: An outline of the geology of Switzerland. Basel, New York.

Veit H. (2002): Die Alpen- Geoökologie und Landschaftsentwicklung. Stuttgart.

BEI GRIN MACHT SICH IHR WISSEN BEZAHLT

- Wir veröffentlichen Ihre Hausarbeit,
  Bachelor- und Masterarbeit

- Ihr eigenes eBook und Buch -
  weltweit in allen wichtigen Shops

- Verdienen Sie an jedem Verkauf

Jetzt bei www.GRIN.com hochladen
und kostenlos publizieren